STATISTIQUE BOTANIQUE

DE L'ARRONDISSEMENT DE SAINT-QUENTIN,

PAR MM. ELIE-PAILLET & LOUIS BLIN

EXTRAIT

DU BULLETIN DE LA SOCIÉTÉ ACADÉMIQUE DE 1865.

SAINT-QUENTIN.

Typographie et Lithographie de Jules MOUREAU, Place de l'Hôtel-de-Ville, 7

1865.

STATISTIQUE BOTANIQUE

DE

L'ARRONDISSEMENT DE SAINT-QUENTIN.

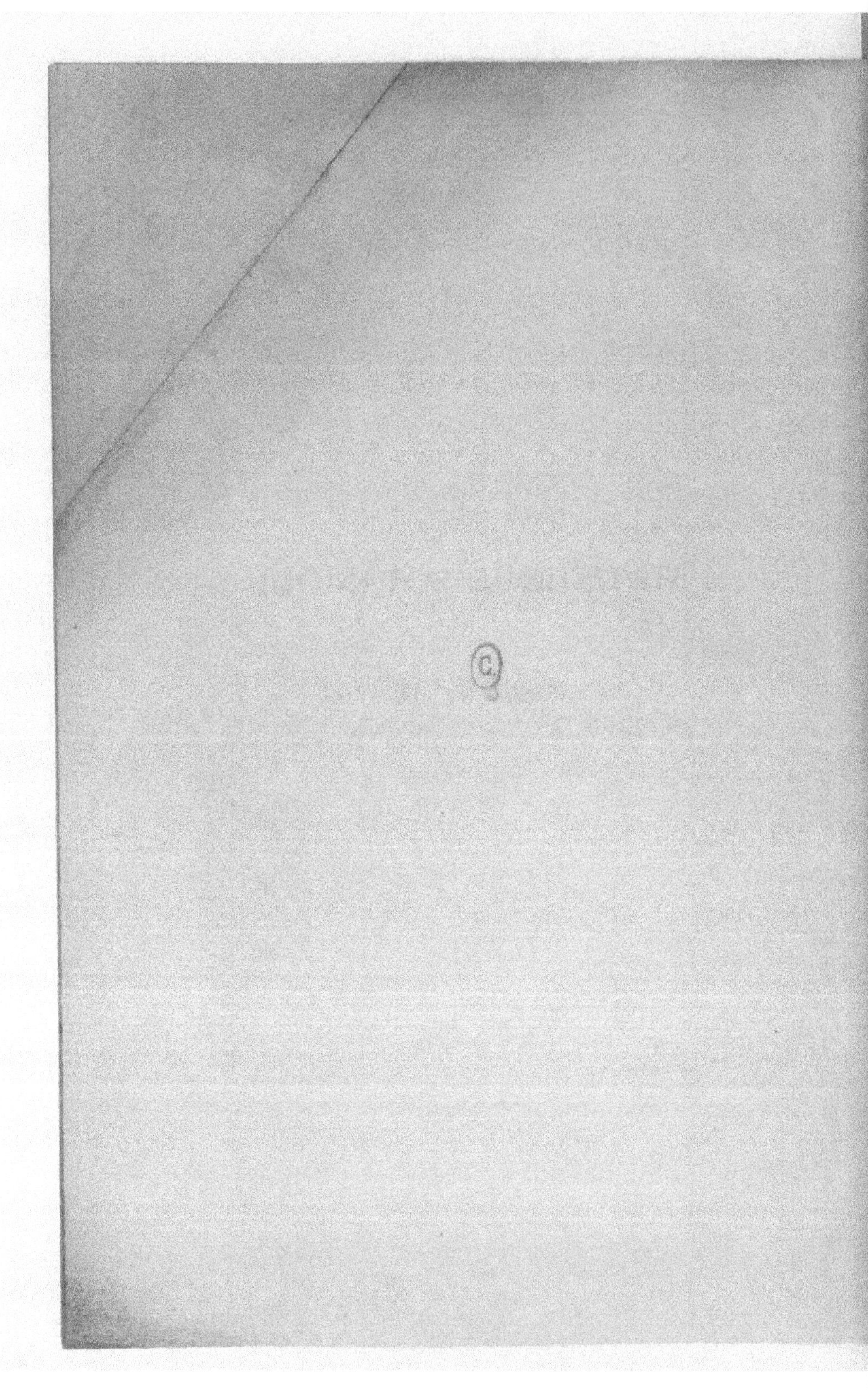

STATISTIQUE BOTANIQUE

DE

L'ARRONDISSEMENT DE SAINT-QUENTIN,

Par MM. BLIN-PAILLET & LOUIS BLIN.

EXTRAIT

DU BULLETIN DE LA SOCIÉTÉ ACADÉMIQUE DE 1862

SAINT-QUENTIN.

Typographie et Lithographie de Jules MOUREAU, Place de l'Hôtel-de-Ville, 7.

1863.

STATISTIQUE BOTANIQUE

DE

L'ARRONDISSEMENT DE SAINT-QUENTIN,

PAR MM. BLIN-PAILLET ET Louis BLIN.

L'envahissement successif par l'agriculture et l'horticulture de terrains autrefois incultes, a beaucoup diminué les ressources botaniques de l'arrondissement de Saint-Quentin. Autour de la ville même, dans les fossés des anciennes fortifications, nous avions autrefois une Flore très-variée; tous ces terrains ont été nivelés et se sont couverts de constructions. Le botaniste ne trouve plus guère à butiner que le long des cours d'eau et dans les marais.

Les marais à moitié desséchés des bords de la Somme fournissent une ample moisson à l'amateur de plantes. Nous citerons encore comme pouvant être le but d'herborisations intéressantes, le bois d'Holnon, à 7 kilomètres à l'ouest de St-Quentin, et le bois d'Homblières, à 6 kilomètres à l'est de la ville.

L'énumération qui va suivre fera connaître le résultat d'herborisations nombreuses faites aux environs de Saint-Quentin dans ces dernières années. Nous nous bornerons, pour le moment, aux végétaux phanérogames. Nous suivrons l'ordre indiqué par M. le ministre de l'instruction publique dans sa circulaire relative à la description scientifique de la France.

PLANTES MONOCOTYLÉDONES[*].

GRAMINÉES.

Genres.	Espèces.
ALOPECURUS. *Vulpin.*	A. Agrestis, *Queue de renard des champs.*
	A. Pratensis.
AGROSTIS. *Agrostide.*	A. Spica venti, *Épi du vent.*
	A. Dubia.
	A. Vinealis.
	A. Stolonifera, *A. traçant.*

[*] Les plantes marquées d'un astérisque sont spéciales aux terrains marécageux.

Genres.	Espèces.
AGROSTIS.	A. Vulgaris.
	A. Alba.
	A. Divaricata.
	A. Verticillata.
CALAMAGROSTIS.	C. Colorata *.
Roseau sauvage.	C. Lanceolata.
	» Arundo calamagrostis.
LEERSIA.	L. Oryzoïdes, *L. à fleur de riz.*
Léersie.	
PHLEUM.	P. Pratense *.
Phléole.	P. Nodosum.
PHALARIS.	P. Canariensis, *Graine de Ca-*
Phalaride.	*narie.*
AVENA.	A. Sativa, *Avoine.*
Avoine.	A. Fatua, *folle Avoine.*
	A. Pubescens.
	A. Pratensis.
	A. Brevis.
	A. Bromoïdes.
	A. Flavescens.
	A. Elatior, *A. fromentale.*
	A. Lanata.
	A. Bulbosa.
AIRA.	A. Cœspitosa, *Canche touffue.*
Canche.	

Genres.	Espèces.
ANDROPOGON. *Barbon.*	A. Ischœmum *, *Barbon digité, Pied de poule.*
BROMUS. *Brome.*	B. Secalinus.
	B. Racemosus.
	B. Multiflorus.
	B. Mollis.
	B. Grossus.
	B. Squarrosus.
	B. Pratensis.
	B. Sterilis.
	B. Tectorum.
FESTUCA. *Fétuque.*	F. Aspera.
	F. Gigantea.
	F. Ovina.
	F. Rubra.
	F. Glauca.
	F. » longifolia.
	F. Lemanii.
KOELERIA.	K. Cristata.
	Gracilis.
DACTYLIS. *Dactyle.*	D. Glomerata.
	D. Hispanica.
CYNOSURUS. *Cynosure.*	C. Cristatus.
BRIZA. *Amourette*	B. Media, *Amourette, Pain d'oiseau.*

Genres.	Espèces.
POA.	P. Airoïdes *.
Paturin.	P. Nemoralis.
	P. Angustifolia *.
	P. Scabra.
	P. Annua.
	P. Compressa.
	P. Bromoïdes *.
	P. Aquatica *.
	P. Pratensis *.
	P. Fertilis *.
	P. Debilis.
GLYCERIA.	G. Fluitans *.
Glycérie.	
MELICA.	M. Ciliata.
Mélique.	
DIGITARIA.	D. Sanguinalis.
Digitaire.	
SETARIA.	S. Verticillata.
Sétaire.	
PANICUM.	P. Miliaceum, *Mil* ou *Millet*.
Panic.	
ARUNDO.	A. Fragmites *, *Roseau à balais*.
Roseau.	
HORDEUM.	H. Vulgare, *Orge*.
Orge.	H. Hexastichon, *Escourgeon*.
	H. Distichon, *Pamelle*.

Genres.	Espèces.

HORDEUM. — H. Zeocriton , *Pamelle à épi large*.
H. Murinum , *Orge queue de souris, Orge des murailles*.

TRITICUM.
Froment. — T. Hibernum , *Blé*.
T. OEstivum , *Blé de mars*.
T. Caninum , *Chiendent des chiens*.
T. Repens aristatum, *Chiendent*
T. Repens panciflorum.
T. Multiflorum.
T. Pinnatum.
T. Gracile.
T. Sylvaticum.

LOLIUM.
Ivraie. — L. Perenne , *Ray-grass*.
L. » compositum.
L. » viviparum.
L. » composito-viviparum. (1)
L. » cristatum.
L. Multiflorum.
L. Temulentum , *Drau , Ivraie enivrante*.
L. Tenue.

(1) Cette variété, non décrite dans les Flores, n'est peut-être qu'une anomalie. Elle est vivipare au milieu, et présente des épis rameux dans le bas.

Genres.	Espèces.
Secale. *Seigle.*	S. Cereale, *Seigle.*

CYPÉRACÉES.

Genres.	Espèces.
Schoenus. *Choin.*	S. Mariscus *, *Choin des étangs.*
Scirpus. *Scirpe.*	S. Palustris *. S. Lacustris *. S. Sylvaticus *. S. Glaucus *.
Eriophorum. *Linaigrette.*	E. Angustifolium *. E. Polystachion *, *Lin des marais.*
Carex. *Carex* ou *Laiche.*	C. Intermedia *. C. Vulpina *. C. Paniculata *. C. » minor *. C. Muricata *. C. Divisa *. C. Divulsa. C. Cœspitosa *. C. Stricta *. C. Flava *. C. Pseudo cyperus *. C. Drimeja.

Genres.	Espèces.
CAREX.	C. Panicea *.
	C. Vesicaria *.
	C. Riparia *.
	C. Polystachia *. (1)
	C. Ampullacea *.
	C. Paludosa *.
	C. Præcox.
	C. Filiformis *.
	C. Glauca *.
	C. Humilis.
	C. Hirta *.
	C. Hirtœformis *.

TYPHACÉES.

TYPHA. *Massette*.	T. Latifolia *, *Roseau des étangs, masse d'eau*.
	T. Angustifolia *.
SPARGANIUM. *Rubanier*.	S. Ramosum *, *Ruban d'eau rameux*.
	S. Simplex *.
	S. Natans *.

ARACÉES.

ARUM. *Gouet*.	A. Maculatum, *Gouet*, *Pied de veau*.

(1) Ce *Carex*, non décrit dans les Flores, semble n'être qu'une variété du *riparia*. Il a huit ou dix épis mâles, et souvent un ou plusieurs petits épis à la base des épis femelles.

JONCACÉES.

Genres.	Espèces.
JUNCUS. *Jonc.*	J. Conglomeratus *. J. Effusus *. J. Glaucus *. J. Bulbosus *. J. Bufonius. J. Repens. J. Tanageya *. J. Lampocarpus *. J. Obtusiflorus *.
LUZULA. *Luzule.*	L. Vernalis. L. Campestris.

COLCHICACÉES.

COLCHICUM. *Colchique.*	C. Autumnale, *Safran bâtard,* *Tue-chien.*

LILIACÉES.

SCILLA. *Scille.*	S. Nutans, *Jacinthe des bois.* S. Patula, *Jacinthe étalée.*
ORNITHOGALUM. *Ornithogale.*	O. Umbellatum, *Dame d'onze* *heures.* O. Luteum.

Genres.	Espèces.
ALLIUM. *Ail.*	A. Vineale, *Ail des vignes.* A. Cepa, *Oignon.* A. Porrum, *Poireau.* A. Sativum, *Ail.*

ASPARAGINÉES.

ASPARAGUS. *Asperge.*	A. Officinalis sativa, *Asperge.*
PARIS. *Parisette.*	P. Quadrifolia, *Raisin de renard.*
CONVALLARIA. *Muguet.*	C. Maialis, *Muguet.*
POLYGONATUM. *Sceau de Salomon.*	P. Vulgare. P. Multiflorum.
MAYANTHEMUM. *Mayanthême.*	M. Bifolium, *Muguet de mai.*

IRIDACÉES

IRIS. *Iris.*	I. Germanica, *Iris flambe.* I. Pseudo acorus*, *Glaïeul des marais.*
GLADIOLUS. *Glaïeul.*	G. Communis, *Glaïeul.*

ORCHIDACÉES.

Genres.	Espèces.
ORCHIS.	O. Bifolia.
Orchis.	O. Mascula *.
	O. Laxiflora *.
	O. Galeata.
	O. Militaris.
	O. Odoratissima *.
	O. Latifolia *.
	O. Divaricata *.
	O. Maculata *.
	O. Simia.
	O. Canopsea.
OPHRYS.	O. Myodes.
Ophride.	O. Apifera.
	O. Ovata.
	O. OEstivalis *.
SERAPIAS.	S. Latifolia.
Sérapias.	S. Palustris *.

HYDROCHARIDÉES.

HYDROCHARIS.	H. Morsus ranœ *, *Morène,*
Morène.	*mors de grenouille.*

NYMPHÉACÉES.

Genres.	Espèces.
NYMPHOEA. *Nénuphar*.	N. Alba *. N. Alba minor *. N. Lutea *.

LEMNACÉES.

LEMNA. *Lenticule*.	L. Trisulca *. L. Minor *, *Lentille d'eau*. L. Polyrrhiza *.

NAIADÉES.

NAJAS. *Naïade*.	N. Monosperma *.
CAULINIA. *Caulinie*.	C. Fragilis *.

POTAMÉES.

POTAMOGETON. *Potamot*.	P. Natans *. P. Fluitans *. P. Crispum *. P. Oppositifolium *.

Genres.	Espèces.
POTAMOGETON.	P. Compressum *.
	P. Pectinatum *.
	P. Densum *.
	P. Perfoliatum *.
	P. Lucens *.
CALLITRICHE.	C. Verna *.
Callitriche.	C. Autumnalis *.
	C. » Foliis reflexis *. (1)
	C. Intermedia *.
	C. Tenuifolia *.

ALISMACÉES.

ALISMA.	A. Plantago *, *Plantain d'eau*,
Fluteau.	*Fluteau*.
SAGITTARIA.	S. Sagittifolia *, *Flèche d'eau*,
Fléchière.	*Sagittaire*.

BUTOMÉES.

BUTOMUS.	B. Umbellatus *, *Jonc fleuri*.
Butome.	

(1) Variété non décrite.

PLANTES DICOTYLÉDONES

TAXACÉES.

Genres.	Espèces.
JUNIPERUS. *Genévrier*.	J. Communis, *Genévrier*.

QUERCACÉES.

QUERCUS. *Chêne*.	Q. Robur, *Chêne franc*, *Chêne à grappes*. Q. Sessiflora.
CORYLUS. *Coudrier*.	C. Avellana, *Noisetier*.
CARPINUS. *Charme*.	C. Betulus, *Charme*.
FAGUS. *Hêtre*.	F. Sylvatica, *Hêtre, fau, fayard*
CASTANEA. *Châtaignier*.	C. Vesca, *Châtaignier*.
PLATANUS. *Platane*.	P. Orientalis, *Platane*.

JUGLANDÉES

Genres.	Espèces
JUGLANS. *Noyer*.	J. Regia, *Noyer*.

BÉTULACÉES.

BETULA. *Bouleau*.	B. Alba, *Bouleau*.
ALNUS. *Aune*.	A. Viscosa *, *Aune*.

SALICACÉES.

SALIX. *Saule*.	S. Viminalis *, *Osier blanc*, *Osier vert*.
	S. Capræa , *Saule marceau*, *Boursaude*.
	S. Aurita, *S. à oreillettes*,
	S. » V^{tas} amentis monoïcis (*chatons mâles et chatons femelles sur le même pied*). (1)
	S. Acuminata, *S. à feuilles acuminées*.
	S. Triandra*, *S. à 3 étamines*.
	S. Pentandra*, *S. à 5 étamines*.
	S. Alba *, *S. blanc*.
	S. Vitellina *, *S. jaune*.
	S. Babylonica, *Saule pleureur*.

(1) Cette variété n'est probablement qu'une anomalie.

Genres.	Espèces.
POPULUS.	P. Alba, *Peuplier blanc, Ypréau.*
Peuplier.	P. Nivea.
	P. Canescens.
	P. Intermedia.
	P. Tremula, *Tremble.*
	P. Nigra, *Peuplier noir.*
	P. Fastigiata, *Peuplier d'Italie.*
	P. Virginiana, *Peuplier suisse.*

ULMACÉES

ULMUS.	U. Campestris, *Orme.*
Orme.	U. » suberosa.

URTICACÉES.

URTICA.	U. Urens, *Ortie grièche.*
Ortie.	U. Dioïca, *grande Ortie.*
HUMULUS.	H. Lupulus, *Houblon.*
Houblon.	
CANNABIS.	C. Sativa, *Chanvre.*
Chanvre.	
PARIETARIA.	P. Officinalis, *Pariétaire.*
Pariétaire.	
MORUS.	M. Nigra.
Mûrier.	

Genres.	Espèces.
FICUS. *Figuier*.	F. Carica , *Figuier*.

LORANTHACÉES.

VISCUM. *Gui*.	V. Album , *Gui de chêne*.

ÉLÉAGNÉES.

HIPPURIS.	H. Vulgaris *, *Pesse* ou *Pin d'eau*.

POLYGONACÉES.

POLYGONUM. *Renouée*.	P. Persicaria *, *Persicaire*. P. Hydropiper *, *Poivre d'eau*. P. Nodosum *. P. Lapathifolium *. P. Amphibium *. P. Terrestre. P. Bistorta *, *Bistorte*. P. Aviculare , *Trainasse*. P. Erectum. P. Minus. P. Tartaricum , *Sarrazin , blé noir*. P. Convolvulus, *Vrillée bâtarde*. P. Dumetorum.

2

Genres.	Espèces.
RUMEX. *Patience.*	R. Patientia, *Patience.* R. Crispus. R. Aquaticus *. R. Nemolapathum. R. Sanguineus. R. Purpureus. R. Obtusifolius. R. Maritimus *. R. Palustris *. R. Acetosa, *Oseille.* R. Acetosella, *petite Oseille.*

SALSOLACÉES.

Genres.	Espèces.
ATRIPLEX. *Arroche.*	A. Hortensis, *Bonne-Dame.* A. Microsperma. A. Campestris. A. Patula.
SPINACIA. *Épinard.*	S. Oleracea, *Épinard.*
BLITUM. *Blette.*	B. Virgatum.
BETA. *Betterave.*	B. Vulgaris, *bette, poirée.*
CHENOPODIUM. *Ansérine.*	C. Glaucum. C. Urbicum. C. Rubrum.

Genres.	Espèces.
CHENOPODIUM.	C. Viride.
	C. Lanceolatum.
	C. Album.
	C. Polyspermum.
	C. Bonus-Henricus, *Bon-Henri, Toute – Bonne , Épinard sauvage.*
	C. Vulvaria.

AMARANTACÉES.

AMARANTUS.	A. Sylvestris.
Amarante.	A. Caudatus.

CARYOPHYLLACÉES.

DIANTHUS. *OEillet.*	D. Caryophyllus, *OEillet.*
SAPONARIA. *Saponaire.*	S. Officinalis.
AGROSTEMMA. *Agrostemme.*	A. Githago, *Nielle des blés.*
	A. Flos cuculi, *Fleur de coucou.*
	A. Sylvestris.
	A. Dioïca.
SILENE. *Siléné.*	S. Inflata.
	S. Otites

Genres.	Espèces.
SPERGULA.	S. Arvensis, *fourrage de disette*.
Spargoute.	S. Pentandra.
CERASTIUM.	C. Vulgatum.
Céreste.	C. Brachypetalum.
	C. Viscosum.
	C. Semi-decandrum.
	C. Arvense.
	C. Aquaticum *.
ARENARIA.	A. Tenuifolia.
Sabline.	A. Rubra.
	A. Serpillifolia.
	A. Triflora.
	A. Trinervia.
STELLARIA.	S. Holostea.
Stellaire.	S. Glauca *.
	S. Aquatica *.
	S. Media, *Mouron des oiseaux*.
ALSINE.	A. Segetalis.
Alsine.	
HOLOSTEUM.	H. Umbellatum.
Holoste.	
SAGINA.	S. Procumbens.
Sagine.	

PORTULACÉES.

Genres.	Espèces.
PORTULACA. *Pourpier*.	P. Oleracea, *Pourpier*.

RENONCULACÉES.

Genres.	Espèces.
RANUNCULUS. *Renoncule*.	R. Flammula *, *petite Douve*.
	R. » Foliis dentatis *.
	R. Lingua *, *grande Douve*.
	R. Auricomus.
	R. Sceleratus *.
	R. Lanuginosus.
	R. Sylvaticus.
	R. Acris *.
	R. Repens.
	R. Lucidus.
	R. Bulbosus.
	R. Parviflorus.
	R. Parvulus.
	R. Chœrophyllos.
	R. Arvensis.
	R. Aquatilis *.
	R. » Foliis submersis *, *Grenouillette*.
	R. » Cœspitosus *.
	R. Fluitans *, *R. flottante*.

Genres.	Espèces.
FICARIA. *Ficaire.*	F. Ranunculoïdes, *petite Chélidoine.*
HEPATICA. *Hépatique.*	H. Triloba.
ADONIS.	A. Annua.
ANEMONE. *Anémone.*	A. Nemorosa, *Sylvie.*
CLEMATIS. *Clématite.*	C. Vitalba, *Herbe aux gueux.* C. » Foliis dentatis.
PARNASSIA. *Parnassie.*	P. Palustris *.
AQUILEGIA. *Ancolie.*	A. Vulgaris, *Gant de N.-Dame.*
DELPHINIUM. *Dauphinelle.*	D. Ajacis, *Pied d'alouette.* D. Consolida, *Pied d'alouette des champs.*
CALTHA. *Populage.*	C. Palustris, *Souci des marais.*

BERBÉRIDÉES.

| BERBERIS. *Berberis.* | B. Vulgaris, *Épine vinette.* |

FUMARIACÉES.

Genres.	Espèces.
FUMARIA. *Fumeterre.*	F. Officinalis, *Fumeterre.*

PAPAVÉRACÉES.

PAPAVER. *Pavot.*	P. Somniferum, *OEillette.*
	P. Rhœas, *Coquelicot.*
	P. Dubium.
CHELIDONIUM. *Chélidoine.*	C. Majus, *Chélidoine, éclaire.*

CRUCIFÈRES.

RAPHANUS. *Radis.*	R. Sativus, *Radis.*
	R. Fusiformis, *Rave.*
	R. Niger, *Radis noir.*
	R. Raphanistrum, *Ravenelle, Raveluche.*
BRASSICA. *Chou.*	B. Campestris, *Colza.*
	B. Oleracea, *Chou.*
	B. Napus, *Navet.*
SINAPIS. *Moutarde.*	S. Nigra, *Moutarde noire.*
	S. Arvensis, *Sénevé.*
	S. Alba.
	S. Villosa.

Genres.	Espèces.
SISYMBRIUM. *Sisymbre.*	S. Nasturtium *, *Cresson.* S. Sylvestre. S. Palustre *. S. Officinale , *Erysimum.* S. Tenuifolium , *Roquette.* S. Sophia, *Sagesse des chirur- giens.* S. Lœselii.
HESPERIS. *Alliaire.*	H. Alliaria , *Alliaire.*
CHEIRANTHUS. *Giroflée.*	C. Cheiri, *Giroflée jaune, muret.*
ERYSIMUM. *Vélar.*	E. Cheiranthoïdes.
CARDAMINE. *Cardamine.*	C. Pratensis, *Cresson des prés, Cresson élégant.*
DRABA. *Drave.*	D. Verna, *Drave du printemps.*
CAMELINA. *Caméline.*	C. Sativa , *Caméline.* C. » Flore luteo. C. Amphibia *. C. Aquatica *.
THLASPI. *Tabouret.*	T. Bursa pastoris , *Bourse à pasteur.*

Genres.	Espèces.
LEPIDIUM. *Passerage.*	L. Sativum, *Nasitor, cresson alenois.* L. Ruderale, *P. des décombres.*
CORONOPUS. *Coronope.*	C. Vulgaris, *Coronope commune*
SENNEBIERA. *Sennebière.*	S. Pinnatifida.

RÉSÉDACÉES.

RESEDA. *Réséda.*	R. Lutea, *Gaude, herbe à jaunir.* R. Luteola, *Réséda jaune, herbe aux Maures.* R. Odorata, *Réséda des jardins.*

VIOLACÉES.

VIOLA. *Violette.*	V. Odorata, *Violette.* V. Canina. V. Arvensis, *Pensée sauvage.* V. Tricolor, *Pensée.* V. Sylvestris.

CISTACÉES

HELIANTHEMUM. *Hélianthéme.*	H. Vulgare, *Fleur du soleil.*

VITACÉES.

Genres.	Espèces.
VITIS. *Vigne.*	V. Vinifera, *Vigne.*

ACÉRACÉES.

Genres.	Espèces.
ACER. *Érable.*	A. Campestre, *Érable.*
	A. Opulifolium, *à feuilles d'obier.*
	A. Pseudo-platanus, *sycomore.*
	A. Platanoïdes, *Plane.*

HIPPOCASTANÉES.

Genres.	Espèces.
OEsculus. *Marronnier.*	OE. Hippocastanum, *Marronnier d'Inde.*

OXALACÉES.

Genres.	Espèces.
OXALIS. *Oxalide.*	O. Acetosella, *Surelle, Alléluia.*

GERANIACÉES.

Genres.	Espèces.
GERANIUM. *Géranier ou Géranion.*	G. Robertianum, *Herbe à Robert.*
	G. Pratense.

Genres.	Espèces.
GÉRANIUM.	G. Molle.
	G. » Flore albo.
	G. Pusillum.
	G. Dissectum.
	G. Columbinum.
	G. Purpureum.
	G. Anonymum ? (1)
ÉRODIUM.	E. Cicutarium.
Érodier ou *Érodion.*	E. Præcox.

LINACÉES.

LINUM.	L. Usitatissimum , *Lin*.
Lin.	L. Catharticum , *Lin purgatif*.

MALVACÉES.

MALVA.	M. Rotundifolia , *petite Mauve*,
Mauve.	*Fromegeon*.
	M. Sylvestris.

(1) Ce Géranium , non décrit dans les Flores, est ici très-commun. Tige de 0^m 50 à 0^m 60 , dichotome , renflée aux articulations, rouge du bas, luisante ; poils visibles à la loupe ; feuilles larges de 0^m 03 à 0^m 04 du bas , à longs pétioles, petites, presque sessiles du haut, 5 à 9 lobées jusqu'au tiers inférieur, lobes 3 fides, segments entiers arrondis, d'un vert pâle en dessous, plus foncé eu dessous, stipules rouges ; pédoncule commun , variant de 0^m 15 à 0^m 05, deux pédicelles uniflores ; pétales rouges échancrés ; 10 étamines, dont 5 stériles ; capsule et bec pubescents ; graine lisse oblongue. — Ce Géranium se rapproche du G. *Pyrenaïcum*, de Lamarck.

Genres.	Espèces.
MALVA.	M. Alcea, *Alcée*.
	M. Crispa.
ALTHOEA. *Guimauve*.	A. Officinalis, *Guimauve*.

POLYGALACÉES.

POLYGALA.	P. Vulgaris.
	P. Amara.

HYPÉRICACÉES.

HYPERICUM. *Millepertuis*.	H. Perforatum, *Millepertuis*.
	H. Quadrangulare.
	H. Hirsutum.
	H. Humifusum.
ANDROSOEMUM. *Androsème*.	A. Officinale, *Toute-saine*.

TILIACÉES.

TILIA. *Tilleul*.	T. Europœa platyphyllos, *Til-leul*.
	T. Mycrophylla, *Tilleul des bois*.

EUPHORBIACÉES.

Genres.	Espèces.
EUPHORBIA. *Euphorbe.*	E. Helioscopia, *Réveille-Matin.* E. Peplus. E. Exigua. E. Sylvatica, *grande Ésule.*
MERCURIALIS. *Mercuriale.*	M. Annua, *Mercuriale, Foirole.*
BUXUS. *Buis.*	B. Sempervirens, *Buis.*

RHAMNACÉES.

RHAMNUS. *Nerprun.*	R. Catharticus, *Nerprun.* R. Frangula, *Bourdaine, Bour- gène.*
EVONYMUS. *Fusain.*	E. Europœus, *Fusain, Bonnet de prêtre.*

LÉGUMINEUSES.

GENISTA. *Genêt.*	G. Sagittalis, *Genêt à tige ailée.*
SPARTIUM. *Spartier.*	S. Scoparium, *Genêt à balais.*

Genres.	Espèces.
CYTISUS. *Cytise.*	C. Laburnum, *faux Ébénier.*
	C. Supinus.
LUPINUS. *Lupin.*	L. Varius, *Lupin bigarré.*
ONONIS. *Bugrane.*	O. Spinosa, *Arrête-bœuf, Bugrane.*
	O. Arvensis.
TRIFOLIUM. *Trèfle.*	T. Repens, *Triolet, Tervelet.*
	T. Pratense, *Trèfle.*
	T. Microphyllum.
	T. Incarnatum, *Trèfle incarnat.*
	T. Striatum.
	T. Campestre.
	T. Procumbens.
	T. Filiforme.
	T. Dubium.
	T. Diffusum.
MELILOTUS. *Mélilot.*	M. Officinalis, *Mélilot.*
	M. Altissima.
	M. Lupulina, *Minette.*
MEDICAGO. *Luzerne.*	M. Sativa, *Luzerne cultivée.*
LOTUS. *Lotier.*	L. Corniculatus.
	L. Tenuifolius.
	L. Altissimus.
	L. Hirsutus.

Genres.	Espéces.
PHASEOLUS. *Haricot.*	P. Vulgaris, *Haricot à rame.* P. Nanus, *Haricot noir.* P. Coccineus, *Haricot rouge.*
ROBINIA. *Robinier.*	R. Pseudo-acacia, *Acacia, faux* *Acacia.*
COLUTEA. *Baguenaudier.*	C. Arborescens, *faux Séné,* *Séné bâtard.*
ONOBRYCHIS. *Esparcette.*	O. Sativa, *Sainfoin cultivé, Es-* *parcette.*
HEDYSARUM. *Sainfoin.*	H. Coronarium, *Sainfoin à* *bouquet.*
CORONILLA. *Coronille.*	C. Minima. C. Varia.
LATHYRUS. *Gesse.*	L. Aphaca. L. Sativus, *Pois carré, Jarol.* L. Pratensis. L. Sylvestris. L. Odoratus, *Pois de senteur.*
PISUM. *Pois.*	P. Sativum, *Pois.* P. Arvense, *Pisaille.*
ERVUM. *Lentille.*	E. Lens, *Lentillon.*

Genres.	Espèces.
VICIA.	V. Sativa, *A. Vesce.*
Vesce.	V. » *B. Hivernache.*
	V. Sepium.
	V. Cracca.
	V. Tetrasperma.
	V. Ervilia, *Ers, Alliez.*
	V. Sylvatica.
	V. Gracilis.
FABA.	F. Vulgaris, *Fève des marais.*
Fève.	F. Minor, *Féverole.*

ROSACÉES.

PREMIÈRE TRIBU. — **Amygdalées.**

PERSICA.	P. Vulgaris, *Pêcher.*
Pêcher.	
ARMENIACA.	A. Vulgaris, *Abricotier.*
Abricotier.	
PRUNUS.	P. Domestica, *Prunier.*
Prunier.	P. Spinosa, *Prunellier.*
	P. Insititia, *P. étranger.*
	P. Sylvatica, *P. des bois.*
CERASUS.	C. Vulgaris, *Cerisier.*
Cerisier	C. Padus, *Mérisier à grappes.*
	C. Avium, *Mérisier.*
	C. Duracina, *Bigarreautier.*

Deuxième tribu. — **Dryadées.**

Genres.	Espèces.
RUBUS. *Ronce.*	R. Fruticosus , *Ronce*. R. Cœsius. R. Idœus , *Framboisier*.
GEUM. *Bénoîte.*	G. Urbanum , *Bénoîte*.
POTENTILLA. *Potentille.*	P Anserina , *Argentine*. P. Verna. P. Reptans , *Quintefeuille*.
TORMENTILLA. *Tormentille.*	T. Erecta , *Tormentille*.
FRAGARIA. *Fraisier.*	F. Vesca , *Fraisier*.

Troisième tribu. — **Spiréacées.**

SPIROEA. *Spirée.*	S. Hypericifolia, *Spirée à feuilles de Millepertuis*. S. Filipendula , *Filipendule*. S. Ulmaria, *Ulmaire, Reine des prés*.

Quatrième tribu. — **Rosacées.**

ROSA. *Rosier.*	R. Arvensis. R. Stilosa. R. Stipularis.

Genres.	Espèces.
ROSA.	R. Canina.
	R. Gallica.
	R. Centifolia.
	R. Alba.
AGRIMONIA. *Aigremoine.*	A. Eupatoria, *Aigremoine.*

CINQUIÈME TRIBU. — **Pomacées.**

MALUS. *Pommier.*	M. Communis, *Pommier.*
PYRUS. *Poirier.*	P. Communis, *Poirier.*
CYDONIA. *Coignassier.*	C. Vulgaris, *Coignassier.*
SORBUS. *Sorbier.*	S. Aucuparia, *Sorbier des oiseleurs.*
MESPILUS. *Néflier.*	M. Germanica, *Néflier cultivé.* M. Oxyacantha, *Épine blanche, Aubépine.*

CUCURBITACÉES.

CUCURBITA. *Courge.*	C. Pepo, *Potiron.* C. Oblonga, *Citrouille.*
CUCUMIS. *Concombre.*	C. Melo, *Melon.* C. Sativus, *Concombre, Cornichon.*

Genres.	Espèces.
BRYONIA. *Bryone.*	B. Dioica, *Bryone, Couleuvrée.*

ÉPILOBIACÉES.

EPILOBIUM. *Épilobe.*	E. Spicatum, *Laurier Saint-Antoine.*
	E. Hirsutum *.
	E. Molle *.
	E. Roseum.
	E. Montanum.
	E. Palustre *.
OEnOTHERA. *Onagre.*	OE. Biennis, *Onagre, herbe aux ânes.*
CIRCŒA. *Circée.*	C. Lutetiana, *Circée des bois, herbe des magiciennes.*
	C. Intermedia.

HOLORAGÉES.

MYRIOPHYLLUM. *Volant d'eau.*	M. Verticillatum *.
	M. Pectinatum *.
	M. Spicatum *.

CÉRATOPHYLLÉES.

CERATOPHYLLUM. *Cornifle.*	C. Demersum *.

LYTHRARIACÉES.

Genres.	Espèces.
LYTHRUM. *Salicaire.*	L. Salicaria, *Salicaire* *.

CRASSULACÉES.

Genres.	Espèces.
SEDUM. *Orpin.*	S. Telephium, *Orpin, Reprise.* S. Acre, *Vermiculaire brûlante.*
SEMPERVIVUM. *Joubarbe.*	S. Tectorum, *Joubarbe.*

GROSSULARIÉES.

Genres.	Espèces.
RIBES. *Groseiller.*	R. Grossularia, *G. à maquereau* R. Uva crispa, *G. épineux.* R. Rubrum, *G. rouge.* R. Nigrum, *Cassis.*

SAXIFRAGÉES

Genres.	Espèces.
SAXIFRAGA. *Saxifrage.*	S. Granulata. S. Crassifolia. S. Tridactylides. S. Hirsuta. S. Hypnoïdes.

OMBELLIFÈRES.

Genres.	Espèces.
SCANDIX.	S. Pecten, *Peigne de Vénus, Aiguille de berger, Cerfeuil à aiguillettes.*
CHOEROPHYLLUM. *Cerfeuil.*	C. Sativum, *Cerfeuil.* C. Temulum. C. Sylvestre, *Cerfeuil sauvage.*
PIMPINELLA. *Boucage.*	P. Saxifraga, *petit Boucage.* P. Magna *, *grand Boucage.* P. Podagraria, *Herbe aux goutteux.* P. Dissecta.
OENANTHE. *OEnanthe.*	OE. Phellandrium, *Ciguë d'eau, Fenouil d'eau *.* OE. Fistulosa *, *OE. Fistuleuse.*
APIUM. *Ache.*	A. Petroselinum, *Persil.* A. Dulce, *Céleri.*
ANETHUM. *Aneth.*	A. Fœniculum, *Fenouil.*
OETHUSA. *Ethuse.*	OE. Cynapium, *petite Ciguë, Ache des chiens.*
CICUTA. *Ciguë.*	C. Virosa *, *Ciguë vireuse.*

Genres.	Espéces.
SIUM. *Berle.*	S. Latifolium *, *grande Berle*. S. Incisum *. S. Nodiflorum *.
BUNIUM. *Terre-noix.*	B. Bulbocastanum, *Terre-noix*, *Suron*.
AMMI.	A. Majus. A. Visnaga, *Herbe aux cure-dents*.
HERACLEUM. *Berce.*	H. Spondylium*, *Branc-Ursine*
PASTINACA. *Panais.*	P. Sativa, *Panais*. P. Sylvestris, *P. sauvage*.
IMPERATORIA. *Impératoire.*	I. Sylvestris *, *Angélique sauvage*.
CONIUM. *Conion.*	C. Maculatum, *grande Ciguë*, *Ciguë officinale*.
SANICULA. *Sanicle.*	S. Europœa, *Sanicle*.
DAUCUS. *Carotte.*	D. Carota, *Carotte sauvage*. D. Sativa, *C. cultivée*.
CAUCALIS. *Caucalide.*	C. Anthriscus. C. Polycarpos.

HÉDÉRACÉES

Genres.	Espèces.
HEDERA.	H. Helix a, *L. grimpant.*
Lierre.	H. » b, *L. rampant.*
CORNUS.	C. Mas, *Cornouiller mâle, Cor-*
Cornouiller.	*mier.*
	C. Sanguinea, *C. sanguin.*

CAPRIFOLIACÉES.

LONICERA.	L. Periclymenum, *C. des bois.*
Chèvrefeuille.	L. Caprifolium, *C. cultivé.*
	L. Xylosteum, *Camérisier des bois.*
SAMBUCUS.	S. Nigra, *Sureau.*
Sureau.	S. Laciniata.
	S. Ebulus, *Yèble.*
VIBURNUM.	V. Lantana, *Viorne cotonneuse, Mancienne.*
Viorne.	V. Opulus, *Obier.*
	V. Opulus sterilis, *Boule de neige.*

RUBIACÉES

VALANTIA.	V. Cruciata *, *Croisette.*

Genres.	Espèces.
GALIUM.	G. Verum, *Caille-lait jaune*.
Caille-lait.	G. Palustre *.
	G. Mollugo, *Caille-lait blanc*.
	G. Elatum.
	G. Scabrum *.
	G. Lœve.
	G. Bocconi.
	G. Aperine, *Gratteron*.
	G. Vaillantii.
ASPERULA.	A. Arvensis.
Asperule.	A. Odorata, *petit Muguet*.
	A. Cynanchica, *Herbe à l'esqui-nancie*.

VALERIANACÉES.

VALERIANA.	V. Officinalis, *V. officinale*.
Valériane.	V. Dioïca *.
	V. Phu, *grande Valériane*.
VALERIANELLA.	V. Olitoria, *Doucette*, *Mâche*.
Mâche.	V. Dentata.

DIPSACÉES

DIPSACUS.	D. Fullonum *, *Chardon à fou-lon*.
Cardère.	D. Sylvestris, *C. sauvage*.

Genres.	Espèces.
SCABIOSA. *Scabieuse*.	S. Succisa, *S. tronquée*, *Mors du diable*. S. Sylvatica. S. Arvensis. S. Columbaria. S. Asterocephala.

COMPOSÉES.

PREMIÈRE SOUS-FAMILLE. — **Carduacées**.

CARDUUS. *Chardon*.	C. Nutans, *C. penché*. C. Crispus. C. Tenuiflorus.
ARCTIUM. *Bardane*.	A. Lappa, *Bardane, Glouteron*. A. Tomentosum.
CENTAUREA. *Centaurée*.	C. Jacea, *Jacée*. C. Nigra. C. Decipiens. C. Intermedia. C. Nana. C. Scabiosa. C. Cyanus, *Bluet, Casse-lunette*. C. Lanata, *Chardon béni des Parisiens*. C. Solstitialis.

Genres.	Espèces.
CENTAUREA.	C. Calcitrapa, *Chausse-trappe, Chardon étoilé.*
	C. Montana.
CIRSIUM. *Cirse.*	C. Palustre *, *Chardon des marais.*
	C. Lanceolatum.
	C. Eriophorum, *Chardon aux ânes.*
	C. Oleraceum *, *Cnique des marais.*
	C. Arvense, *Chardon hémorrhoïdal.*
	C. Acaule, *Chardon sans tige.*
CARLINA. *Carline.*	C. Vulgaris.
ONOPORDUM. *Onopordone.*	O. Acanthium, *Pédane, Épine blanche.*
CYNARA. *Artichaut.*	C. Scolymus, *Artichaut.*
CONYZA. *Conyze.*	C. Squarrosa, *Herbe aux mouches.*
EUPATORIUM *Eupatoire.*	E. Cannabinum *, *E. d'Avicenne.*

Genres.	Espèces.
GNAPHALIUM. *Gnaphale.*	G. Luteo–album. G. Rectum. G. Uliginosum. G. Germanicum, *Cotonnière, Herbe à coton.*
TANACETUM. *Tanaisie.*	T. Vulgare, *Tanaisie, Barboline.*
ARTEMISIA. *Armoise.*	A. Vulgaris, *Armoise, Herbe Saint-Jean.* A. Absinthium, *Absinthe.* A. Dracunculus, *Estragon.*

DEUXIÈME SOUS-FAMILLE. — **Corymbifères.**

BELLIS. *Pâquerette.*	B. Perennis, *Pâquerette, petite Marguerite.*
MATRICARIA. *Matricaire.*	M. Chamomilla, *Camomille.*
PYRETHRUM. *Pyrèthre.*	P. Inodorum. P. Parthenium, *Matricaire.*
CHRYSANTHEMUM. *Chrysanthème.*	C. Leucanthemum, *grande Marguerite, grande Pâquerette, OEil de bœuf.*

Genres.	Espèces.
INULA. *Inule*.	I. Dysenterica, *Herbe St-Roch*.
ERIGERON. *Vergerette*.	E. Canadense. E. Acre.
SOLIDAGO. *Solidage*.	S. Virga aurea, *Verge d'or*. S. Lateriflora.
SENECIO. *Séneçon*.	S. Vulgaris. S. Jacobœa, *Jacobée, Herbe de Saint-Jacques*. S. Erucifolius. S. Neglectus. S. Aquaticus*. S. Sylvaticus. S. Tenuifolius.
TUSSILAGO. *Tussilage*.	T. Farfara, *Pas-d'âne, Taconet*.
ANTHEMIS. *Camomille*.	A. Arvensis. A Cotula, *Maroute*.
ACHILLEA. *Achillée*.	A. Millefolium, *Millefeuille*.
HELIANTHUS. *Hélianthe*.	H. Annuus, *grand Soleil*. H. Tuberosus, *Topinambour*.
BIDENS. *Bident*.	B. Tripartita. B. Cernua.

Troisième sous-famille. — **Lactucées**

Genres.	Espèces.
LAPSANA. *Lampsane.*	L. Communis, *Herbe aux ma-melles.*
	L. Crispa.
PRENANTHES. *Prénanthe.*	P. Hieracifolia.
SONCHUS. *Laiteron.*	S. Oleraceus.
	S. Asper.
	S. Macrophyllus.
	S. Arvensis.
	S. Palustris *.
	S. Plumieri.
HIERACIUM. *Epervière.*	H. Pilosella, *Piloselle, Oreille de souris.*
	H. Murorum, *Pulmonaire des Français.*
	H. Umbellatum.
	H. Chrysophthalmum.
	H. Glaucum.
	H. Hallerii.
	H. Sabaudum.
	H. Sylvaticum.
CREPIS. *Crépide.*	C. Diffusa.
	C. Virens.

Genres.	Espèces.
CREPIS.	C. Biennis.
	C. Scabra.
	C. Tectorum.
BARKHAUSIA.	B. Taraxacifolia.
Barkhausie.	B. Setosa.
LACTUCA.	L. Sativa.
Laitue.	
TARAXACUM.	T. Dens leonis, *P. Dent de lion.*
Pissenlit.	
LÉONTODON.	L. Autumnale.
Liondent.	L. Hirtum.
	L. Hispidum.
	L. Saxatile.
PICRIS.	P. Hieracioïdes.
Picride.	P. Autumnale.
SCORZONERA.	S. Hispanica, *S. d'Espagne,*
Scorsonère.	*Salsifix noir.*
TRAGOPOGON.	T. Pratense, *Barbe de bouc.*
Salsifix.	T. Porrifolium, *Salsifix blanc.*
HYPOCHOERIS.	H. Radicata.
Porcelle.	H. Hispida.
	H. Glabra.
HELMINTIA.	H. Echioïdes.
Helmintie.	

Genres.	Espèces.

CICHORIUM.   C. Intybus, *Chicorée sauvage*.
Chicorée.   C. Endivia, *Scariole*.

CAMPANULACÉES.

CAMPANULA.   C. Trachelium, *Gantelée, Gant*
Campanule.   *de Notre-Dame*.
         C. Rotundifolia.
         C. Linifolia.
         C. Persicifolia.
         C. Rapunculus, *Raiponce*.
         C. Glomerata, *C. à fleurs ag-*
            glomérées.
         C. Medium, *Carillon*.
         C. Pyramidalis.

PRISMATOCARPUS.   P. Speculum, *Miroir de Vénus*.
Spéculaire.   P. Hybridus.

VACCINIÉES.

VACCINIUM.   V. Myrtillus, *Airelle myrtil,*
Airelle.   *Raisin des bois*.

ÉRICACÉES.

ERICA.   E. Vulgaris.
Bruyère.

PLANTAGINÉES.

Genres.	Espèces.
PLANTAGO.	P. Major.
Plantain.	P. Media.
	P. Lanceolata.

PRIMULACÉES.

PRIMULA.	P. Elatior, *grande Primevère*.
Primevère.	P. Veris officinalis, *Primevère, Coucou.*
HOTTONIA.	H. Palustris, *Plumeau.*
Hottonie.	
LYSIMACHIA.	L. Vulgaris*, *Corneille, Chasse-bosse.*
Lysimaque.	L. Verticillata *.
	L. Nummularia , *Herbe aux écus , Monnoyère.*
	L. Nemorum.
ANAGALLIS.	A. Arvensis , *M. rouge.*
Mouron.	A. Cœrulea , *M. bleu.*

OROBANCHÉES.

OROBANCHE.	O. Epythimum.
Orobanche.	

VERBÉNACÉES.

Genres.	Espèces.
VERBENA. *Verveine.*	V. Officinalis , *Herbe sacrée, Verveine.*

LABIÉES.

Genres.	Espèces.
SAVIA. *Sauge.*	S. Pratensis. S. Officinalis. S. Horminum , *Sauge Ormin, Prud'homme.*
LYCOPUS. *Lycope.*	L. Europœus , *Pied de loup, Marrube d'eau.*
AJUGA. *Bugle.*	A. Pyramidalis. A. Reptans.
TEUCRIUM. *Germandrée.*	T. Botrys, *Germandrée femelle.* T. Scorodonia, *Sauge des bois, Baume sauvage.*
HYSSOPUS. *Hyssope.*	H. Officinalis.
GALEOPSIS. *Galéopside.*	G. Ladanum , *Ortie rouge.* G. Tetrahit.
GALEOBDOLON. *Galéobdolon.*	G. Luteum, *Ortie jaune.*

Genres.	Espèces.
MENTHE. *Menthe.*	M. Sylvestris. M. Aquatica *. M. Verticillata. M. Arvensis. M. Pulegium, *Pouliot.* M. Piperita, *M. poivrée.*
GLECHOMA. *Gléchome.*	G. Hederacea, *Lierre terrestre.*
LAMIUM. *Lamier.*	L. Album, *Ortie blanche, Ar-* *changélique.* L. Purpureum. L. Amplexicaule.
BETONICA. *Bétoine.*	B. Officinalis.
STACHYS. *Épiaire.*	S Recta, *Crapaudine.* S. Palustris, *Ortie morte.* S. Sylvativa, *Ortie puante.* S. Germanica. S. Arvensis.
BALLOTA. *Ballote.*	B. Fœtida, *Marrube noir.*
MARRUBIUM. *Marrube.*	M. Vulgare, *Marrube blanc.*

Genres.	Espèces.
ORIGANUM. *Origan.*	O. Vulgare, *Origan.*
THYMUS. *Thym.*	T. Serpyllum, *Serpolet.* T. Vulgaris, *Thym.*
ACYNOS.	A. Vulgaris. A. Villosus.
MELISSA. *Mélisse.*	M. Officinalis, *Mélisse, Citro- nelle.*
PRUNELLA. *Brunelle.*	P. Vulgaris. P. Parviflora. P. Laciniata.
SCUTELLARIA. *Toque ou Scutellaire*	S. Galericulata, *grande Toque.*
SATUREIA. *Sarriette.*	S. Hortensis, *Sarriette.*
ROSMARINUS. *Romarin.*	R. Officinalis, *Romarin.*

SCROPHULACÉES.

SCROPHULARIA. *Scrophulaire.*	S. Nodosa. S. Aquatica *, *Bétoine d'eau, Herbe du siége.*

Genres.	Espèces.
DIGITALIS. *Digitale.*	D. Purpurea, *Digitale pourprée*
VERONICA. *Véronique.*	V. Beccabunga, *Beccabunga.* V. Anagallis, *V. Mouron.* V. Teucrium, *V. Germandrée.* V. Chamœdris, *V. petit Chêne.* V. Officinalis. V. Spicata. V. Longifolia. V. Arvensis. V. Agrestis. V. Hederœfolia. V. Acinifolia. V. Buxbaumii. V. Serpyllifolia.
PEDICULARIS. *Pédiculaire.*	P. Palustris.
ANTIRRHINUM. *Muflier.*	A. Majus, *Muflier, Mufle de veau* A. Orontium, *Tête de mort.*
LINARIA. *Linaire.*	L. Cymbalaria. L. Spuria, *L. Velvote.* L. Vulgaris, *Linaire.* L. Arvensis. L. Minor. L. Elatine, *Elatinée.*

Genres.	Espèces.
RHINANTHUS. *Rhinanthe.*	R. Crista galli , *Crête de coq, Cocrête,*
MELAMPYRUM. *Mélampyre.*	M. Arvense, *Blé de vache, Rougeole , Queue de renard.* M. Sylvaticum.
EUPHRASIA. *Euphraise.*	E. Officinalis. E. Odontites.

SOLANACÉES.

Genres.	Espèces.
SOLANUM. *Morelle.*	S. Dulcamara , *Douce-amère.* S. Tuberosum, *Pomme de terre.* S. Nigrum, *Morelle.* S. Humile. S. Ochroleucum.
ATROPA. *Belladone.*	A. Belladona , *Belladone.*
PHYSALIS. *Coqueret.*	P. Alkekengi , *Alkékenge.*
LYCIUM. *Lyciet.*	L. Europœum.
DATURA. *Stramoine.*	D. Stramonium , *Pomme épineuse, Stramoine.*

Genres.	Espéces.
HYOSCIAMUS. *Jusquiame.*	H. Niger, *J. noire*.
CAPSICUM. *Piment.*	C. Annuum , *Poivre long*, *Corail des jardins*.
NICOTIANA. *Tabac.*	N. Rustica.
VERBASCUM. *Molène.*	T. Thapsus, *Bouillon blanc*. V. Nigrum vulgare. V. Parisiense. V. Blattaria, *Herbe aux mites*. V. Parviflorum.

BORRAGINÉES.

BORRAGO. *Bourrache.*	B. Officinalis, *Bourrache*.
LYCOPSIS. *Lycopside.*	L. Arvensis , *petite Buglosse*.
MYOSOTIS. *Myosole.*	M. Annua. M. Sylvatica. M. Intermedia. M. Palustris *.
SIMPHYTUM. *Consoude.*	S. Officinale, *grande Consoude*. S. Patens.

Genres	Espèces.
CYNOGLOSSUM. *Cynoglosse*	C. Officinale, *Cynoglosse, Langue de chien.*
ECHIUM. *Vipérine.*	E. Vulgare, *Vipérine.*
LITHOSPERMUM. *Grémil.*	L. Officinale, *Herbe aux perles, Grémil.* L. Arvense.
PULMONARIA. *Pulmonaire.*	P. Officinalis, *Pulmonaire.*

JASMINÉES.

Genres	Espèces.
JASMINUM. *Jasmin.*	J. Officinale, *Jasmin.* J. Fruticans.
LIGUSTRUM. *Troëne.*	L. Vulgare, *Troëne.*
SYRINGA. *Lilas.*	S. Vulgaris, *Lilas.*
FRAXINUS. *Frêne.*	F. Excelsior, *Frêne.* F. Pendula, *Frêne pleureur.*

CONVOLVULACÉES.

Genres.	Espèces.
CONVOLVULUS. *Liseron.*	C. Arvensis. C. Tricolor, *Belle de jour.* C. Sepium.
CUSCUTA. *Cuscute.*	C. Epithymum. C. Europœa.

GENTIANÉES.

CHLORA *Chlore.*	C. Perfoliata.
MENYANTHES. *Mènyanthe.*	M. Trifoliata, *Mènyanthe, Trèfle d'eau.*
ERYTHROEA. *Érythrée.*	E. Centaurium , *petite Centaurée.*

APOCYNÉES.

VINCA. *Pervenche.*	V. Major, *grande Pervenche.* V. Minor, *petite Pervenche.*

Saint-Quentin. — Typ. Jules Moureau, place de l'Hôtel-de-Ville, 7.

www.ingramcontent.com/pod-product-compliance
Ingram Content Group UK Ltd.
Pitfield, Milton Keynes, MK11 3LW, UK
UKHW031807170726
13836UKWH00003B/1246